Uli Holtmann

Die Suche nach Planeten außerhalb unseres Sonnensystems

Probleme und Erfolge der Messmethoden der Astronomie

GRIN Verlag

Bibliografische Information der Deutschen Nationalbibliothek:

Die Deutsche Bibliothek verzeichnet diese Publikation in der Deutschen National-
bibliografie; detaillierte bibliografische Daten sind im Internet über http://dnb.d-
nb.de/ abrufbar.

Impressum:

Copyright © 2008 GRIN Verlag GmbH
Druck und Bindung: Books on Demand GmbH, Norderstedt Germany
ISBN: 978-3-656-56346-4

Dieses Buch bei GRIN:

http://www.grin.com/de/e-book/266202/die-suche-nach-planeten-ausserhalb-
unseres-sonnensystems

Inhaltsverzeichnis

1. Einführung in das Thema

Extrasolare Planeten, oder auch kurz Exoplaneten genannt, sind Planeten, die nicht unserem Sonnensystem, sondern einem anderen Planetensystem (eine Ansammlung von massereichen Körpern, welche sich – durch die Gravitationskraft gebunden – um mindestens einen Zentralstern bewegen) angehören.

Bis Mitte Dezember 2007 fanden Wissenschaftler und Astrophysiker 269 solcher Planeten in 231 verschiedenen Systemen und bis März 2003 konnten sie bei rund 7 Prozent der maximal 330 Lichtjahre entfernten Sterne mindestens einen Exoplaneten nachweisen.

Aufgrund der großen Entfernungen zwischen diesen Planetensystemen und unserem Sonnensystem ist es nicht möglich extrasolare Planeten mit einem Teleskop zu beobachten, deswegen mussten verschiedene indirekte Messmethoden entwickelt werden, mit denen man die Größe, die Masse, die Geschwindigkeit und die Umlaufbahn um ihren Stern abschätzen beziehungsweise eingrenzen kann.

Die ersten beiden extrasolaren Planeten wurden 1992 um den Pulsar PSR B1257+12 (ein schnell rotierender Neutronenstern, welcher aus den Überresten einer Supernova besteht) herum gefunden.

Viel interessanter als Exoplaneten die um Pulsare kreisen, sind für die Astronomen solche Exoplaneten, die in einem Planetensystem an einen Zentralstern gebunden sind. Erst mit dieser Entdeckung, dass Planeten um andere Sterne herum existieren, wurde es immer wahrscheinlicher, dass erdähnliche Planeten in anderen Planetensystemen bestehen könnten, auf denen, sofern sie sich in der Bewohnbaren Zone (Abstandsbereich, in dem sich ein Planet zu seinem Stern aufhalten muss, so dass Wasser in flüssiger Form vorhanden sein kann; siehe Anhang 2) um ihren Zentralstern befinden, Leben möglich wäre. Eine großartige Entdeckung für die Wissenschaft!

Noch ist die Technik nicht ganz ausgereift genug, um Planeten in der Größenordnung unserer Erde zu entdecken, doch einzelne Erfolge wurden bereits erzielt. Was die Hoffnung nahe legt, dass die Entdeckung eines erdähnlichen Planeten nur noch eine Frage der Zeit ist.

Verwendete Quellen: Quelle 1, S. 171; Quelle 2, S. 1 f.; Quelle 3;

2. Hauptteil

2.1. Probleme bei der Suche nach Planeten außerhalb unseres Sonnensystems

Da extrasolare Planeten mehrere Lichtjahre von uns entfernte, im Vergleich zu ihrem Stern sehr kleine und leuchtschwache Objekte sind, ist eine direkte Beobachtung mit einem Teleskop nahezu unmöglich. Selbst Jupiter, der größte Planet unseres Sonnensystems, welcher nur die 10^{-9}-fache Leuchtkraft der Sonne besitzt, wäre in einem anderen Planetensystem nicht sichtbar, sein Zentralstern würde ihn überstrahlen. Das Auflösungsvermögen von erdgestützten Teleskopen reicht heute noch nicht dazu aus, um zwei so relativ nahe beieinander liegende Objekte mit so großem Helligkeitsunterschied getrennt darzustellen. Eine direkte Aufnahme eines extrasolaren Planeten gelang erst 2005 mit dem Very Large Telescope.

Wie aber soll man Exoplaneten finden, wenn man sie nicht sehen kann? Da sie für uns unsichtbar bleiben, kann man sie nur anhand von indirekten Nachweismethoden ausfindig machen. Wenn ein extrasolarer Planet seinen Zentralstern umkreist, beeinflusst er damit dessen Bewegung oder auch seine Helligkeit. Dieser Einfluss ist allerdings sehr gering und nur im Rahmen der Messgenauigkeit erkennbar, wenn der Planet groß und schwer genug ist. So handelt es sich bei den meisten bis heute entdeckten extrasolaren Planeten um Gasriesen, ähnlich Jupiter, die ihren Zentralstern in sehr geringem Abstand umkreisen.

Verwendete Quellen: Quelle 1, S. 171; Quelle 2, S. 1 f.; Quelle 3;

2.2. Die wichtigsten Messmethoden bei der Suche nach extrasolaren Planeten
2.2.1. Die Radialgeschwindigkeitsmethode

Die meisten extrasolaren Planeten wurden bisher mit der Radialgeschwindigkeitsmethode nachgewiesen. Als Radialgeschwindigkeit bezeichnet man die Geschwindigkeit eines Himmelskörpers in Richtung der Sichtlinie. Das Licht von Himmelskörpern mit erheblicher Geschwindigkeit unterliegt dem Dopplereffekt. Bewegt sich das Objekt also auf den Beobachter zu, so ist die Radialgeschwindigkeit negativ, die Wellenlänge des Lichts wird kleiner und eine Blauverschiebung des Lichts kann festgestellt werden; bewegt sich das Objekt vom Beobachter weg, so ist die Radialgeschwindigkeit positiv, die Wellenlänge des Lichts wird größer und eine

Rotverschiebung kann festgestellt werden.

Ein Planetensystem, bestehend aus einem Stern mit einem oder mehreren Begleitern, bewegt sich unter dem Einfluss der Gravitation um einen gemeinsamen Schwerpunkt, wobei der Stern aufgrund seiner größeren Masse deutlich kleinere Wege zurücklegt. Durch diese Rotation um das Baryzentrum bewegt er sich mal vom Beobachter weg und mal auf ihn zu, wodurch das Licht, wie oben beschrieben, rot- bzw. blauverschoben wird.

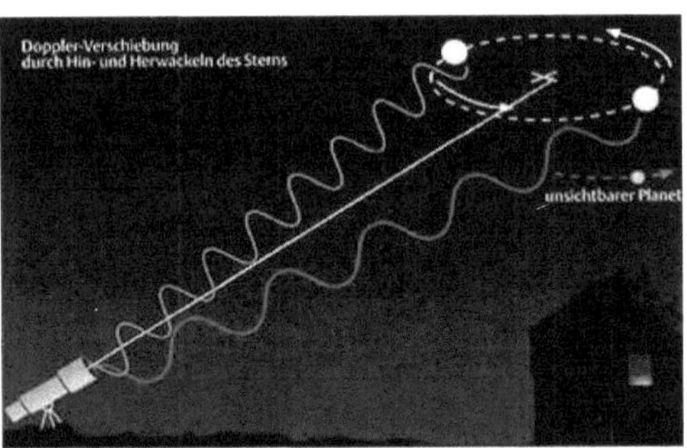

Doppler-Verschiebung, Bild: Uni-Jena (Quelle: 4)

Diese Wellenlängenverschiebung kann man berechnen:

$$\Delta\lambda \approx \frac{v_R \cdot \lambda}{c}$$

Wobei v_R die Radialgeschwindigkeit, λ die Wellenlänge vom Licht des Sterns und c die Lichtgeschwindigkeit ist.

Ist die Wellenlängenverschiebung $\Delta\lambda$ und die Wellenlänge λ des Lichts, welches von dem Stern ausgeht, bekannt, so kann man daraus auf die Radialgeschwindigkeit v_R schließen.

Das Kompetenzzentrum für Exo-Planeten Jena/Tautenburg hat sich die Mühe gemacht die Gleichungen, mit deren Hilfe die Astrophysiker die Parameter neu entdeckter extrasolarer Planeten berechnen, ausführlich auf ihrer Website herzuleiten und zu erklären (Quelle 5).

Umkreist nun ein Begleiter seinen Stern auf einem kreisförmigen Orbit einmal in der Zeit T, so liefert die Erweiterung des 3. Kepler-Gesetzes (Physik-Formelsammlung S. 21) die Bahngleichung. Diese ergibt nach r aufgelöst, wenn man für r_1 und r_2 die großen Halbachsen der Bahnen des Sterns ($a_{Stern}=r_1$) und des Begleiters ($a_{Begleiter}=r_2$) einsetzt:

$$(a_{Stern} + a_{Begleiter})^3 = \frac{GT^2(M_{Stern} + M_{Begleiter})}{4\pi^2}$$

G ist die Gravitationskonstante ($6{,}673 \cdot 10^{-11}$ m³ kg⁻¹ s⁻²), M_{Stern} ist die Masse des Sterns und $M_{begleiter}$ ist die Masse des Begleiters.

Durch den Schwerpunktsatz gilt: $a_{Stern} \cdot M_{Stern} = a_{Begleiter} \cdot M_{begleiter}$

Zudem ist die Masse des Sterns viel größer als die Masse des Begleiters und die große Halbachse des Sterns viel kleiner als die große Halbachse des Begleiters, deswegen ergibt sich als sinnvolle Näherung:

$$a_{Begleiter}^3 = \frac{M_{Stern} G T^2}{4\pi^2}$$

Jetzt sind nur noch bekannte Größen übrig. M_{Stern} können die Astrophysiker bestimmen, wenn sie den Sternentyp klassifizieren und die Umlaufzeit des Begleiters T ergibt sich aus der Periodendauer der gemessenen Dopplerverschiebung des Sternenlichts.

Berücksichtigt man nun noch, dass sich der Stern im Abstand a_{Stern} in der Zeit T einmal um das Massezentrum dreht, so ergibt sich

$$\rightarrow T v_{Stern} = 2\pi a_{Stern}$$
$$(\text{Zeit} \cdot \text{Geschwindigkeit} = \text{Weg})$$

Diese Gleichung löst man nun nach a_{Stern} auf und setzt sie in den Schwerpunktsatz ein. Daraus ergibt sich die Masse des Begleiters:

$$M_{Begleiter} = \frac{M_{Stern}}{a_{Begleiter}} \cdot \frac{v_{Stern} T}{2\pi}$$

Die Bestimmung der Umlaufgeschwindigkeit des Sterns v_{Stern} auf seiner Bahn ist nicht möglich. Aus der Messung der Wellenlängenverschiebung und damit der Radialgeschwindigkeit geht nur die Geschwindigkeit des Sterns in Richtung der Sichtlinie hervor, die Bahnneigung (Inklinitionswinkel i) der Kreisbahn der beiden Himmelskörper bleibt also unbekannt. Damit gilt für die Geschwindigkeit des Sterns $v_{Stern} \cdot \sin(i) = v_{Radial}$ und es kann nur eine minimale Massengrenze für den Exoplaneten angegeben werden.

Der größte Planet unseres Sonnensystems, Jupiter, erzeugt eine Radialgeschwindigkeit der Sonne von 12,5 m/s, die Erde dagegen nur 0,04 m/s. Die besten Spektrographen ermöglichen eine Messung der Radialgeschwindigkeit von bis zu 2 m/s. Damit lässt sich ein jupiter-ähnlicher Planet in einem anderen Planetensystem gut auffinden, ist der Zentralstern masseärmer, können auch kleinere Planeten nachgewiesen werden.

In diesen Spektrographen wird das Licht eines Sterns in sein Spektrum, also in seine verschiedenen Farben, zerlegt und gemessen. Dabei werden auch sogenannte Absorbtionslinien einzelner Elemente, aus denen der Stern besteht, sichtbar. Um eine möglichst gute Messgenauigkeit der Blau- beziehungsweise Rotverschiebung festzustellen, schicken die Wissenschaftler das Sternenlicht zuerst durch eine Gas-Absorbtionszelle, in der die Absorbtionslinien von beispielsweise HF- oder I-Gas überlagert werden, bevor das Licht in den Spektrographen fällt. Eine zweite Möglichkeit besteht darin, das Sternenlicht mit dem Licht einer Referenzquelle, zum Beispiel einem Thoriumstrahler, zu mischen. Dazu wird das Licht des Sterns und das der Referenzquelle mit Hilfe von Glasfaserkabeln getrennt in den Spektrographen geleitet und überlagert, anschließend kann man anhand der genau bekannten Linien das Sternenspektrum vermessen.

Ziel der Astrophysiker ist es, die maximale Messgenauigkeit von 1 m/s zu erreichen. Genauer ist die Radialgeschwindigkeit eines Sterns nicht feststellbar, da Sonnenflecken eine geringe Rotverschiebung des Lichtspektrums verursachen und so das Messergebnis in dieser Größenordnung verfälschen.

Verwendete Quellen: Quelle 1, S. 171 ff.; Quelle 5; Quelle 6;

2.2.2. Die Astrometriemethode

Wie schon bei der Radialgeschwindigkeitsmethode beschrieben, bewegen sich Stern und Begleiter um ihren gemeinsamen Schwerpunkt, wodurch es scheint als ob der, für uns unsichtbare, Planet seinen Zentralstern zum Wackeln bringt. Diese Bewegung hat neben der Radialgeschwindigkeit in Richtung der Sichtlinie auch eine Komponente quer zur Sichtlinie, welche nun für die Astrometriemethode von Bedeutung ist.

Beobachtet man nun einen Stern im Abstand d, so bewegt er sich scheinbar auf einer Kreis- beziehungsweise Ellipsenbahn. $\Delta\Theta_*$ ist der Winkel unter dem die große Halbachse dieser Ellipse dem Beobachter erscheint.

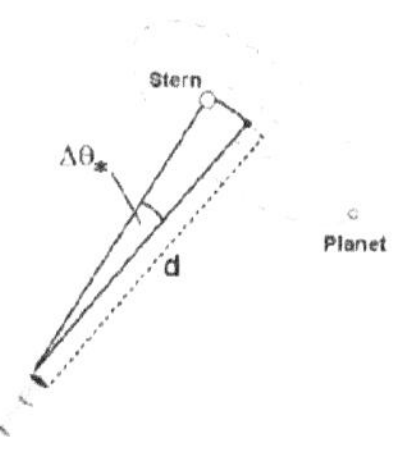

Skizze zur Astrometriemethode, Bild: Uni-Jena (Quelle 7)

Aus dieser Abbildung und dem Schwerpunktsatz folgt für die Berechnung des Winkels:

$$\Delta\Theta_* \sim \tan(\Delta\Theta_*) = \frac{a_{Begleiter} M_{Begleiter}}{M_{Stern} d}$$

Diese Bewegung des Sterns wird in Milli-Bogensekunden (1/1000 Gradsekunde, Einheit: mas) gemessen.

Um sie mit einer möglichst hohen Genauigkeit zu bestimmen benötigen die Astrophysiker ein sogenanntes Interferometer, das aus vier Teleskopen besteht, die ein einzelnes Teleskop simulieren. Das bekannteste Interferometer ist das in der Atacamawüste im Norden Chiles liegende Very Large Telescope.

Der Vorteil der Astrometriemethode ist, dass man die Masse des Begleiters direkt angeben kann, wenn $\Delta\Theta_*$ messbar ist und $a_{Begleiter}$ über die Radialgeschwindigkeitsmethode bestimmt wurde. Die Masse des Sterns können die Astrophysiker festlegen wenn sie den Sternentyp klassifizieren und der Abstand d zum Stern liefern die Parallaxenmessungen (scheinbare Änderung der Position eines Objekts, wenn der Beobachter seine Position verschiebt). Wenn schließlich die Masse des Begleiters bekannt ist, kann auch der Inklinitionswinkel seiner Umlaufbahn angegeben werden (Anhang 1).

Um beispielsweise eine Auflösung von 100mas zu erhalten, brauchen die Astronomen vier 2-Meter-Teleskope im Abstand von 100 Meter zueinander. Zwar stört vom Boden aus die Lufthülle der Erde die Beobachtungen, trotzdem sind Messungen mit 10-15 μas Messfehler mit dem Very Large Telescope möglich.

Würde man unser Sonnensystem im Abstand von 10 Parsec (Astronomische Maßeinheit, 1 Parsec sind ca. $3,1 \cdot 10^{16}$ m) betrachten, so verursacht Jupiter ein astrometrisches Wackeln der Sonne mit einer Winkelamplitude von 500 μas, im Vergleich dazu liegt der erwartete Wert der 300 mal kleineren und der Sonne fünf mal näheren Erde bei nur 0,3 µas. Damit muss die Messgenauigkeit um einen Planeten in der Größenordnung Jupiters in einem anderen Sonnensystem aufzufinden unter 1 mas liegen. Bei masseärmeren Sternen würde man keine so hohe Präzision benötigen, da ein Begleiter sie stärker wackeln lassen würde.

Bis heute gibt es jedoch nur sehr wenige Entdeckungen von extrasolaren Planten mit Hilfe der astrometrischen Messung, zum einen wohl weil es nur einen Astrometriesatelliten, Hipparcos, der Sternenörter bis zu 1 mas genau messen kann, im Weltraum gibt, zum anderen aber auch weil für derart präzise Messungen eine fast unerreichbar hohe Genauigkeit nötig ist. Zukünftige Satellitenprojekte wie beispielsweise SIM, ein Projekt der NASA, sollen Messgenauigkeiten unter 10 µas erreichen.

Verwendete Quellen: Quelle 1, S. 173 f.; Quelle 8;

2.2.3. Die Transitmethode

Eine weitere Möglichkeit extrasolare Planeten zu entdecken ist die Transitmethode. Sie basiert nicht auf der Geschwindigkeit, sondern auf der Helligkeit eines Sterns. Die stärke der Helligkeit, auch Fluss bezeichnet, kann man auf der Erde messen. Bewegt sich nun ein Begleiter zwischen den Beobachter und den Stern, so bedeckt er einen Teil der Sternenoberfläche und ein geringer Rückgang der Helligkeit ist die Folge.

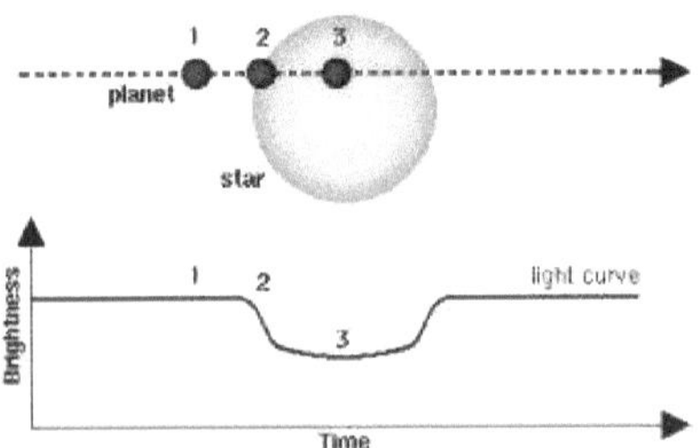

Lichtkurve während einem Transitereignis, Bild: Raumfahrer.net (Quelle 9)

Damit ein solcher extrasolarer Planet für die Astronomen beobachtbar ist darf der Inklinitionswinkel seiner Bahnebene nicht zu stark von 90° abweichen, sonst fliegt der

Begleiter, von der Erde aus gesehen, unbemerkt an seinem Stern vorbei.

Von der Stärke des Helligkeitseinbruchs lässt sich auf die Größe des Begleiters schließen, wenn der Radius des Sterns bekannt ist:

$$\frac{\Delta F}{F} = \frac{A_{Begleiter}}{A_{Stern}} = \left(\frac{R_{Begleiter}}{R_{Stern}}\right)^2$$

Wobei F der gemessene Fluss des Sterns, ΔF der gemessene Helligkeitsunterschied und R der Radius des Begleiters beziehungsweise des Sterns ist.

Die Wahrscheinlichkeit einen Exoplaneten mit der Transitmethode zu finden ergibt sich aus dem Verhältnis von Radius des Sterns zum Radius der Umlaufbahn des Begleiters:

$P = R_{Stern} : a_{Begleiter}$

Damit ist die Transitmethode besonders gut geeignet um enge Begleiter zu finden, bei Planeten mit einem großen Abstand zu ihrem Zentralstern nimmt die Wahrscheinlichkeit schnell ab.

Die Wahrscheinlichkeit beispielsweise Jupiter über die Transitmethode zu entdecken ist bei einem Sonnenradius von 695.700 km und dem Radius der Jupiterbahn, 778.570.000 km, nur etwa $8{,}9 \cdot 10^{-4}$. Ein großer Vorteil der Transitmethode ist es aber, dass die Entfernung zwischen Beobachter und dem beobachteten Stern keine Rolle spielt.

Haben die Astrophysiker mit der Transitmethode den Radius eines Begleiters bestimmt, so können sie über die Radialgeschwindigkeitsmethode die Masse berechnen und somit auf die Dichte bzw. die Zusammensetzung des Exoplaneten schließen und feststellen ob es sich beispielsweise um einen Gasplaneten handelt.

Helligkeitsmessungen von Sternen sind mit guten Teleskopen auf der Erde nur begrenzt möglich, da Turbulenzen in der Erdatmosphäre das Sternenlicht zum Flackern bringen. Deswegen sind damit bis heute nur Planeten der Größenordnung Jupiters in geringem Abstand zu ihrem Stern entdeckt worden.

Ein einziger beobachteter Helligkeitsabfall reicht jedoch nicht aus, um auf einen extrasolaren Planeten zu schließen, da Sonnenflecken oder Sternpulsation einen ähnlichen Effekt verursachen. Tatsächlich benötigen die Astronomen drei periodische Helligkeitsminima um sicher von einem Exoplaneten ausgehen zu können.

Für die Astronomen ist die Transitmethode eine sehr vielversprechende Technik um extrasolare Planeten zu entdecken. Mit Hilfe von Satelliten wie COROT (siehe auch 3.) können sie viele tausend Sterne gleichzeitig überwachen und sogar Begleiter in Erdgröße feststellen. Dadurch erhoffen sie sich, trotz der geringen Wahrscheinlichkeit eines Transits, durch die große Menge an beobachteten Sternen einige bisher unbekannte Planeten zu bemerken.

Tatsächlich wurden bis heute nur wenige extrasolare Planeten über die Transitmethode entdeckt. Vor einem Jahr beobachtete ein Team mit Hilfe des Hubble-Weltraumteleskops acht Tage lang 34.000 Sterne im Kugelsternhaufen 47 Tucanae, rein statistisch betrachtet hätten sie 17 Durchgänge sehen sollen. Sie konnten jedoch keinen einzigen beobachten.

Neben solchen Projekten gibt es auch Planetensuchen mit erdgebundenen Teleskopen, bei denen in die Milchstraße hinein beobachtet wird oder offene Sternenhaufen überwacht werden, welche aus Gruppen von Hunderten oder Tausenden von Sternen bestehen, die sich etwa zur selben Zeit gebildet haben. Dadurch können die Forscher auch das Alter der Planeten abschätzen.

Verwendete Quellen: Quelle 1, S. 174 ff.; Quelle 2, S. 207 ff.; Quelle 10;

2.2.4. Der Mikrolinseneffekt

Die Suche nach extrasolaren Planeten mit dem Mikrolinseneffekt, auch Microlensing gennant, ist eine weitere Möglichkeit Exoplaneten anhand der Helligkeit eines Sterns zu entdecken. Im Gegensatz zur Transitmethode, basiert der Mikrolinseneffekt jedoch auf der Einstein'schen Relativitätstheorie und auf einer Zunahme des gemessenen Sternenlichts.

Microlensing bedeutet, dass eine sogenannte Gravitationslinse, also ein massereiches Objekt, beispielsweise ein Stern, das Licht dahinter liegender Objekte durch sein Gravitationsfeld ablenkt. Dadurch wird das Licht der Quelle in einem Punkt, dem Brennpunkt, gebündelt, erscheint heller und die Quelle erscheint leicht versetzt zu ihrem eigentlichen Aufenthaltsort (siehe Abbildung).

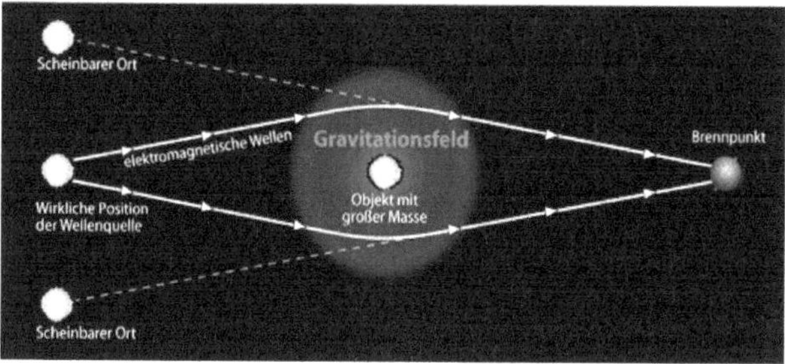

Darstellung einer Gravitationslinse, Bild: Wikipedia (Quelle 11)

Dieser Effekt wurde erstmals während der Sonnenfinsternis 1917 bestätigt, als die Astronomen feststellten, dass die Sterne nahe der Sonne tatsächlich um den exakten Betrag, den die Relativitätstheorie vorhergesagt hatte, verschoben waren.

Damit nun ein im Vordergrund stehendes Objekt (Linse) die Helligkeit eines weit entfernten Objekts (Quelle) verstärken kann, müssen sich Linse und Quelle, vom Beobachter aus gesehen, möglichst nahe kommen. Liegt die Linse auf halbem Weg zwischen Beobachter und Quelle, dann ist der Effekt am größten.

Diesen Mikrolinseneffekt machen sich die Astrophysiker nun zunutze um auf extrasolare Planeten zu schließen. Beobachtet man die Helligkeit eines Sterns, also das Licht der Quelle, während er sich an der Linse, meist ein anderer Stern, vorbei bewegt, so kann man ein Ansteigen und wieder Abfallen der Helligkeit beobachten. Besitzt der Stern, der als Gravitationslinse dient, jedoch einen Begleiter und kommt dieser während dem Mikrolinsen-Ereignis seinem Stern, von der Erde aus gesehen, nahe, so kann man in der sonst regelmäßigen Helligkeitskurve eine Helligkeitsspitze entdecken, die nur etwa einen Tag andauert.

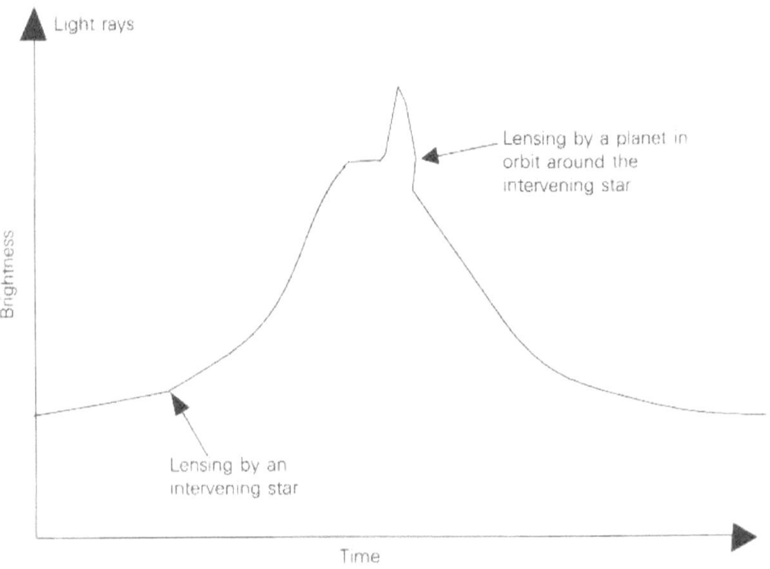

Lichtkurve eines Mikrolinsenereignisses, Bild: Quelle 1, S. 179

Die Vorteile der Suche nach extrasolaren Planeten mit dem Mikrolinseneffekt sind zum einen, dass die Astrophysiker sehr weit entfernte Sterne auf Begleiter untersuchen können und zum anderen, dass selbst dann noch Begleiter in Erdgröße feststellbar sind.

Es gibt bereits einige Projekte bei denen bereits Tausende von Sternen in der Michstraßenverdickung überwacht werden, wobei schon viele Mikrolinsen-Ereignisse gefunden werden konnten. Darunter auch einige mit verdächtigen Lichtkurven, die auf Exoplaneten hinweisen.

Verwendete Quellen: Quelle 1, S. 178 ff., Quelle 12; Quelle 13;

2.2.5. Weitere Messmethoden

Die bereits genannten Methoden sind nicht die einzigen Messmethoden für das Aufspüren extrasolarer Planeten. Während die Astronomen versuchen die bereits vorhandenen Methoden immer weiter zu verbessern indem sie neue Geräte, Teleskope mit höheren Auflösungen und Satellitenmissionen planen, sind sie gleichzeitig auch auf der Suche nach neuen Möglichkeiten und Ideen, wie sie möglichst viele Exoplaneten noch präziser nachweisen können.

Derzeit wird eine Hypothese, dass Planetensysteme, um ihre Stabilität zu wahren, bis an den „Rand" mit Planeten gefüllt sind, in der Fachwelt heiß diskutiert. Aufgrund dieser Theorie hatten Astrophysiker vor drei Jahren einen riesigen Gasplaneten nahe dem Stern HD 74156 prognostiziert als sie Computerexperimente zur Stabilität von Planetensystemen durchführten, welcher nun im September 2007 tatsächlich gefunden wurde.

Zwei Monate später, im November, wurde ein fünfter Planet um den Stern 55 Cancri entdeckt, bisher waren nur vier Exoplaneten bekannt. Auch er wurde von den gleichen Astrophysikern bereits vorhergesagt. Berechnungen hatten ergeben, dass an dieser Position ein weiterer Planet eine stabile Umlaufbahn verfolgen könnte.

Mittlerweile ist auch die Technik zur direkten Beobachtung deutlich ausgereifter. So konnten bereits einige Braune Zwerge (Objekte mit dreizehn bis 75 Jupitermassen, die eine Sonderstellung zwischen Planeten und Sternen einnehmen; in ihrem Inneren laufen auch Fusionsprozesse ab) entdeckt werden. Da sie durch ihre niedrigere Helligkeit von ihrem Stern überstrahlt werden, müssen sich die Astronomen einiger Tricks bedienen. Entweder sie decken die Sternenscheibe mit entsprechenden Blenden ab um eventuelle Begleiter besser neben dem Stern ausmachen zu können, oder das Sternenlicht wird mit Hilfe spezieller Spiegel oder mehrerer Teleskope durch Interferenz ausgelöscht. Beobachtet wird im Infrarotbereich, da so die Störungen durch die Erdatmosphäre geringer sind.

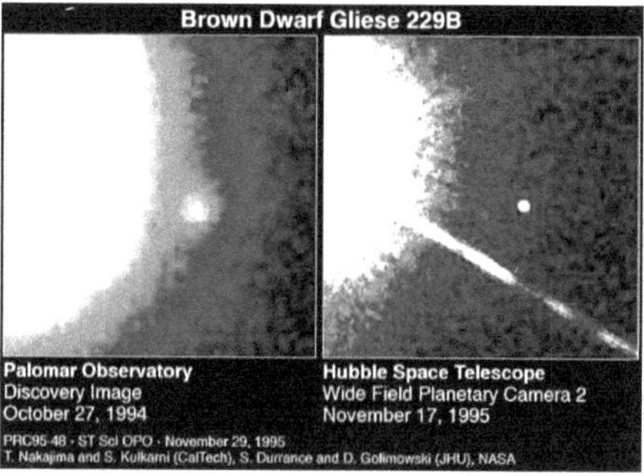

Entdeckung eines Braunen Zwergs, Bild: Wikipedia (Quelle 14)

Auch Exoplaneten die zu einem Pulsar gehören kann man gut nachweisen. Ein Pulsar besitzt ein Magnetfeld, dessen Symmetrie von seiner Rotationsachse abweicht, wodurch er Radiostrahlung aussendet, welche von der Erde aus gemessen werden kann. Das Prinzip ist dasselbe wie das der Radialgeschwindigkeitsmethode, nur dass nicht das Licht des Pulsars, sondern die Ankunftszeit seiner Radioimpulse gemessen wird.

Verwendete Quellen: Quelle 15; Quelle 16; Quelle 17;

2.3. Erfolge bei der Suche nach extrasolaren Planeten

Schon 269 extrasolare Planeten sind von den Astronomen entdeckt worden (Stand Mitte Dezember 2007) und jedes Jahr kommen 30 bis 40 Neuentdeckungen dazu. Mit Projekten wie dem *Very Large Telescope* oder ausschließlich für die Suche nach Exoplaneten entworfene Satelliten wie *Kepler* oder *CoRoT* (siehe 3.) werden sich diese Zahlen noch deutlich erhöhen.

2.3.1. Gliese 581 c

Eine der bedeutendsten Entdeckungen des Jahres 2007 ist der Planet Gliese 581 c. Er wurde mit der Radialgeschwindigkeitsmethode von dem gleichen Team im La-Silla-Observatorium in Chile entdeckt, welches bereits Gliese 581 b entdeckt hatte. Gliese 581 c ist deshalb so bedeutend, da er zum einen in der bewohnbaren Zone (siehe Anhang 2) liegt und zum anderen viele Parallelen zur Erde besitzt. Er hat etwa den anderthalbfachen Erddurchmesser und die fünffache Erdmasse, entstand vor 4,3 Milliarden Jahren (die Erde entstand vor 4,57 Milliarden Jahren) und seine Oberflächentemperatur wird auf -3°C bis +40°C geschätzt.

Neueste Kreisbahn- und Klimaberechnungen haben jedoch ergeben, dass Gliese 581 c vermutlich zu heiß ist um erdähnliches Leben zu beherbergen, trotzdem sind die Astronomen mit seiner Entdeckung einem ihrer Ziele, der Entdeckung einer zweiten Erde, einen großen Schritt näher gekommen.

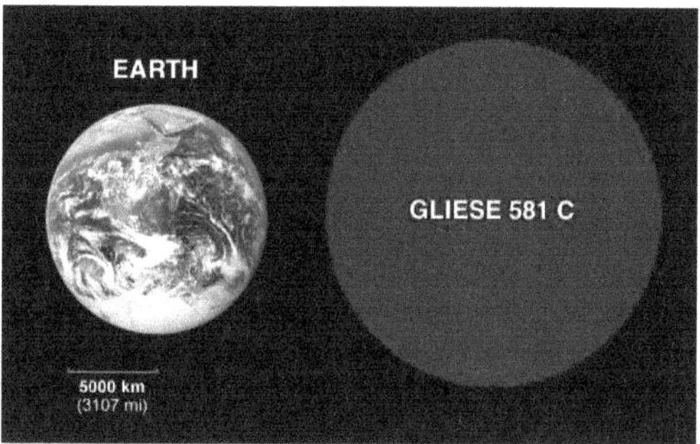

Vergleich Erde und Gliese 581 c, Bild: Wikipedia (Quelle: 18)

2.3.2. HD 209458 b - Osiris

Eine weitere wichtige Entdeckung ist der 150 Lichtjahre von der Erde entfernte Exoplanet HD 209458 b, inoffiziell auch Osiris genannt. Entdeckt wurde Osiris 1999 mit der Transitmethode, als die Astronomen ihn jedoch 2003 mit dem Hubble-Weltraumteleskop beobachteten, stellten sie fest, dass seine Atmosphäre große Mengen Sauerstoff und Kohlenstoff enthält, 2007 wurde sogar Wasserdampf nachgewiesen. Bewohnbar ist der Gasriese jedoch nicht, er kreist grade einmal in einer Entfernung von 6,92 Millionen Kilometer in 3,5 Tagen um seinen Zentralstern und gehört damit zur Klasse der „heißen Jupiter". Da Osiris eine geringere Schwerkraft als Jupiter besitzt vermuten die Astronomen, dass er, ähnlich wie ein Komet, einen Schweif bestehend aus den Gasen seiner Atmosphäre hinter sich herzieht.

Verwendete Quellen: Quelle 19; Quelle 20;

3. Aktuelle Projekte welche die Suche nach extrasolaren Planeten verbessern und vereinfachen sollen

Da die Erdatmosphäre die Sicht auf die Sterne beeinträchtigt und Begleiter von ihrem Zentralstern um den Faktor 10^{10} bis 10^{11} im sichtbaren und um den Faktor 10^{6} bis 10^{7} im Infrarotbereich überstrahlt werden ist die größte Messgenauigkeit nur mit nicht erdgebundenen Teleskopen zu erreichen. Deswegen sind einige Projekte für Satelliten, die ausschließlich für die Suche nach extrasolaren Planeten entworfen werden, ins Leben gerufen worden.

3.1. Das Weltraumteleskop CoRoT

Das derzeitig vielversprechendste Projekt ist das Weltraumteleskop CoRoT (Convection, Rotation and planetary Transits) der französischen Raumfahrtbehörde CNES welches in Zusammenarbeit mit der Euopäischen Raumfahrtbehörde ESA und unter Beteiligung der Länder Östereich, Belgien, Deutschland, Spanien und Brasilien entwickelt wurde. CoRoT befindet sich seit dem 27. Dezember 2006 in der Erdumlaufbahn wo es bis zu 120.000 Sterne auf einmal überwacht und kleinste Helligkeitsschwankungen misst. Aus diesen Daten können die Astrophysiker auf die Struktur von Sternen schließen, vor allem aber erhoffen sie sich zahlreiche Neuentdeckungen von Exoplaneten. Die geringe Wahrscheinlichkeit eines Transitereignisses wird durch die große Anzahl an gleichzeitig beobachteten Sternen wieder ausgeglichen. Im April 2007 wurde CoRoT früher als erwartet fündig und entdeckte den Gasriesen CoRoT-Exo-1b mit 1,3 Jupitermassen, 1500 Lichtjahre von der Erde entfernt (sie Anhang 3).

3.2. Die Raumsonde Kepler

Ein weiteres Satellitenprojekt für die Suche nach extrasolaren Planeten ist die Raumsonde Kepler der US-amerikanischen Luft- und Raumfahrtbehörde NASA. Sie befindet sich noch im Bau und soll, ähnlich wie CoRoT, geringe Helligkeitsschwankungen von Sternen messen. Anders als CoRoT wird Kepler jedoch der Erde auf ihrer Bahn um die Sonne folgen und langsam abdriften, was es ihr erlaubt ein Sternenfeld über einen Zeitraum von 4 Jahren ununterbrochen beobachten zu können. Vorraussichtlicher Starttermin für Kepler ist Februar 2009.

3.3. Der Terrestrial Planet Finder

Mit dem Terrestrial Planet Finder, kurz TPF, hat die NASA noch ein weiteres Eisen im Feuer. Wie Kepler und CoRoT ist TPF satellitengestützt und besteht aus zwei sich ergänzenden Teleskopsystemen, ein großes optisches Teleskop und ein Infrarot-Interferometer mit vier zusammengeschalteten Infrarotteleskopen. Mit TPF können die Astronomen durch Nulling-Interferometrie (Siehe 2.2.5.) das Sternenlicht so weit reduzieren, dass Planeten in der bewohnbaren Zone sichtbar sind. Anschließend werden diese Planeten auf ihre Zusammensetzung und auf das Vorhandensein von Wasser-,

Sauerstoff-, Ozon-, CO- und CO_2-Molekülen untersucht.

Aus diesen Ergebnissen erhoffen sich die Astronomen auch neue Erkenntnisse über die Planetenentstehung aus den Gas- und Staubscheiben um junge Sterne herum. TPF soll ab 2020 einsatzbereit sein, wurde jedoch im Februar 2006 aufgrund von Budgetkürzungen auf Eis gelegt.

Verwendete Quellen: Quelle 21; Quelle 2, S. 62-63; Quelle 22; Quelle 23;

4. Schluss

Abschließend ist zu sagen, dass die Suche nach extrasolaren Planeten ein hochinteressantes Thema ist, dass nicht nur in der Fachwelt auf Begeisterung trifft. Neuigkeiten von außergewöhnlichen Entdeckungen von bisher unbekannten Planeten finden mittlerweile immer öfter ihren Weg in die Zeitung und ins Fernsehen.

Auch ist es spannend zu beobachten wie sich die verschiedenen Messmethoden entwickelt haben und sich, durch immer leistungsstärkere Teleskope, Satelliten und andere Messinstrumente, noch weiterentwickeln werden.

So kommen die Wissenschaftler und Astronomen ihren Zielen, der möglichst genauen Erforschung des erdnahen Weltraums (im Umkreis von etwa 330 Lichtjahren) und der Entdeckung eines erdähnlichen Planeten auf dem Leben möglich sein könnte, jedes Jahr einen Schritt näher.

Letztendlich wird die Suche nach extrasolaren Planeten nie an ihre Grenzen stoßen. Eingrenzt wird sie nur durch die, sich stets verbessernde, Messgenauigkeit und es gibt noch Hunderte, wenn nicht sogar Tausende von Planeten, die nur auf ihre Entdeckung warten.

5. Quellenverzeichnis

1. Clark, Stuart: Estrasolar Planets, The Search for New Worlds, West Sussex, The White House/John Wiley & Sons, 1998

2. Dvorak, Rudolf: Extrasolar Planets, Formation, Detection an Dynamics,o.O. , Wyley-VCH Verlag GmbH, 2007

3. Wikipedia-Eintrag: Exoplanet, 14.12.2007, URL: http://de.wikipedia.org/wiki/Extrasolare_Planeten

4. Bild: Doppler-Verschiebung, 15.1.2008, URL: http://www.astro.uni-jena.de/EXO/radvel/bild1.jpg

5. Wikipedia-Eintrag: Radialgeschwindigkeit (Astronomie), 14.12.2007, URL: http://de.wikipedia.org/wiki/Radialgeschwindigkeitsmethode

6. www.Exoplanet.de: Radialgeschwindigkeit, 14.12.2007, URL: http://www.astro.uni-jena.de/EXO/radvel/wiefunktionierts.htm

7. Bild: Skizze zur Astrometriemethode, 22.12.2007, URL: http://www.astro.uni-jena.de/EXO/astrometrie/bild1.jpg

8. www.Exoplanet.de: Astrometrie, 22.12.2007, URL: http://www.astro.uni-jena.de/EXO/astrometrie/wiefunktionierts.htm

9. Bild: Lichtkurve bei einem Transitereignis, 3.1.2008, URL: http://www.raumfahrer.net/news/images/corot_exoplanet_schematisch.jpg

10. www.Exoplanet.de: Planetensuche durch Transits, 3.1.2008, URL: http://www.astro.uni-jena.de/EXO/transits/wiefunktionierts.htm

11. Bild: Darstellung einer Gravitationslinse, 18.1.2008, URL: http://upload.wikimedia.org/wikipedia/de/2/28/Gravitationslinse.gif

12. Wikipedia-Eintrag: Mikrolinseneffekt, 18.1.2008, URL: http://de.wikipedia.org/wiki/Mikrolinseneffekt

13. www.Exoplanet.de: Mikrolensing, 18.1.2008, URL: http://www.astro.uni-jena.de/EXO/microlensing/wiefunktionierts.htm

14. Bild: Entdeckung eines Braunen Zwergs, 19.1.2008, URL: http://upload.wikimedia.org/wikipedia/de/3/33/Browndwarf_hubble_browse.jpg

15. Soter, Steven: Am Rande des Chaos, in: Spektrum der Wissenschaft, 2008, Nr 1, S. 26-33

16. www.Exoplanet.de: Direkte Beobachtung, 19.1.2008, URL: http://www.astro.uni-

jena.de/EXO/direktsuche/wiefunktionierts.htm

17. www.Exoplanet.de: Pulsar Timing, 20.1.2008, URL: http://www.astro.uni-jena.de/EXO/pulsartiming/wiefunktionierts.htm

18. Bild: Vergleich Erde und Gliese 581 c, 20.1.2008, URL: http://upload.wikimedia.org/wikipedia/commons/6/69/Gliese581cEarthComparison2.png

19. Wikipedia-Eintrag: Gliese 581 c, 20.1.2008, URL: http://de.wikipedia.org/wiki/Gliese_581c

20. Wikipedia-Eintrag: HD 209458b, 20.1.2008, URL: http://de.wikipedia.org/wiki/HD_209458b

21. Wikipedia-Eintrag: COROT (Satellit), 20.1.2008, URL: http://de.wikipedia.org/wiki/COROT_%28Satellit%29

22. CoRoT-Seite der deutschen Co-Investigatorenm, 20.1.2008, URL: http://www.corot.de

23. Wikipedia-Eintrag: Kepler (Raumsonde), 20.1.2008, URL: http://de.wikipedia.org/wiki/Kepler_%28Raumsonde%29

24. Wikipedia-Eintrag: Terrestrial Planet Finder, 27.12.2007, URL: http://de.wikipedia.org/wiki/Terrestrial_Planet_Finder

6. Anhang

1. Bestimmung des Inklinitionswinkels bei bekannter Masse eines Planeten

$$M_{Begleiter}\sin(i) = v_{radial}\left(\frac{M_{Stern}^2\, T}{2\pi G}\right)^{1/3} = v_{radial}\sqrt{\frac{M_{Stern}\, a_{Begleiter}}{G}}$$

2. Darstellung der Bewohnbaren Zone:

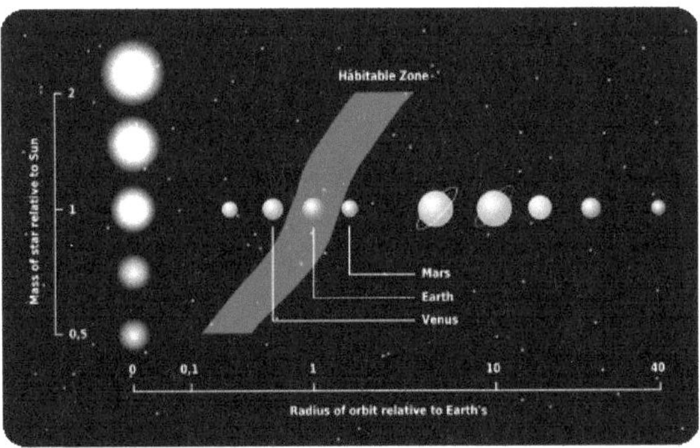

Quelle: http://upload.wikimedia.org/wikipedia/commons/thumb/9/94/Habitable_zone-en.svg/491px-Habitable_zone-en.svg.png

3. Transit des ersten von CoRoT entdeckten Planeten

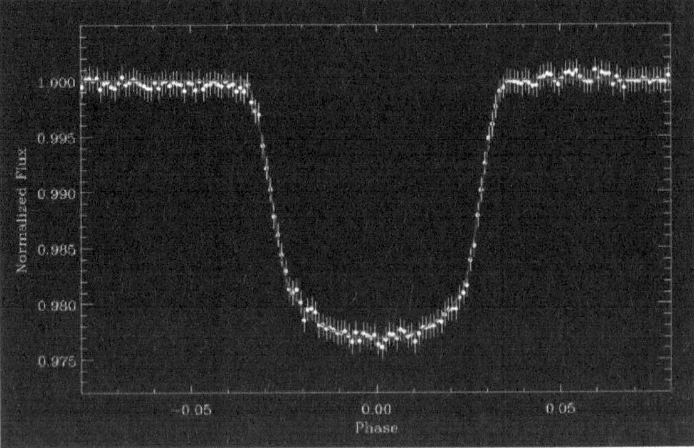

Quelle: http://corot.de/gallery/albums/corot_orbit/Corot_planet.jpeg